U0274237

自动放球系统技术指南
（试行）

中国气象局气象探测中心

气象出版社
China Meteorological Press

内容简介

本书由"自动放球系统概述""自动放球系统建设要求""自动放球系统业务操作""L波段业务软件(自动放球系统版)"和"自动放球系统维护维修"五部分组成。书中内容涵盖了自动放球系统的工作原理、系统组成、功能用途、选址要求、建设要求、系统业务操作以及系统维护等。

本书是在中国气象局的统一部署下完成的,以便使高空气象观测人员能够更好地了解和掌握自动放球系统的特点和操作方法,指导高空气象观测人员解决使用中遇到的技术问题,规范和统一操作流程,确保系统稳定运行,充分发挥自动放球系统建设效益。本书可供广大气象观测人员、设备维护人员和有关科研、业务人员参考。

图书在版编目(CIP)数据

自动放球系统技术指南：试行 / 中国气象局气象探测中心编著. — 北京：气象出版社，2018.8

ISBN 978-7-5029-6776-5

Ⅰ.①自… Ⅱ.①中… Ⅲ.①高空-气象观测-技术规范 Ⅳ.①P412.2-65

中国版本图书馆 CIP 数据核字(2018)第 104393 号

出版发行：气象出版社

地　　址：北京市海淀区中关村南大街 46 号	邮政编码：100081
电　　话：010-68407112(总编室)　010-68408042(发行部)	
网　　址：http://www.qxcbs.com	**E-mail**：qxcbs@cma.gov.cn
责任编辑：王萃萃　李太宇	终　　审：吴晓鹏
责任校对：王丽梅	责任技编：赵相宁
封面设计：博雅思企划	

印　　刷：北京中石油彩色印刷有限责任公司

开　　本：889 mm×1194 mm　1/32		印　　张：2.625	
字　　数：52 千字			
版　　次：2018 年 8 月第 1 版		印　　次：2018 年 8 月第 1 次印刷	
定　　价：15.00 元			

本书如存在文字不清、漏印以及缺页、倒页、脱页等,请与本社发行部联系调换。

序　言

　　自动放球系统是由中国气象局瞄准国际先进水平和WMO业务要求,组织自主研制并投入业务运行的高空气象辅助设备。该系统攻克了放球过程的对接、充气、计量、捆扎的专用技术,实现无人状态下的气球充气量的智能化和自动化控制,提升充气安全性;攻克了气动机械锁扣、自动寻向释放、自动放绳器的技术,实现无人值守状态下的探空仪自动释放;研制了以计算机为核心的机电一体化装置,通过一键式计算机操作,实现了从探空气球准备、充气到气象气球携带探空仪施放全程自动化,代替了复杂的人工操作。

　　自动放球系统作为常规高空气象观测系统的辅助设备,填补我国在该领域方面的空白,其与测风雷达或其他探空测风设备配合,可以完成自动放球过程,有利于进一步提升高空气象观测自动化水平,减轻业务人员劳动强度,提高恶劣天气特别是大风天气条件下的气球施放成功率。

　　《自动放球系统技术指南(试行)》主要用于规范和统一

操作流程,确保系统稳定运行,充分发挥自动放球系统的建设效益,可供广大气象观测人员、设备维护人员和有关可研、业务人员参考。

中国气象局气象探测中心主任:

2018 年 5 月 21 日

前　言

自动放球系统是常规高空气象观测系统的辅助系统，具有气象气球自动充灌、自动施放等功能。在常规高空气象观测站配置自动放球系统，可进一步提升高空气象观测自动化水平，减轻业务人员劳动强度，提高恶劣天气特别是大风天气条件下的气球施放成功率。

为指导和规范自动放球系统业务运行，提高高空气象观测站观测员的实际操作，中国气象局气象探测中心联合中国气象局综合观测司、中国气象局上海物资管理处、内蒙古自治区气象局、陕西省气象局、南京大桥机器有限公司等单位编写了《自动放球系统技术指南（试行）》。编写人员主要为郭启云、杨荣康、李昌兴、任振华、蔺汝罡、梁海河、张建磊、刘世玺、孙宜军、隋一勇、钱媛、白水成、徐磊、刘凤琴、黄江平。

本书在编写过程中参考了许多相关文献，谨向编写人员表示深深的谢意。由于编者水平有限，书中难免存在一些待商榷之处，恳请同行及读者批示指教。

作者

2018 年 5 月 22 日

目　录

序言
前言

第一部分　自动放球系统概述

第二部分　自动放球系统建设要求

第三部分　自动放球系统业务操作

第四部分　L 波段业务软件（自动放球系统版）

第五部分　自动放球系统维护维修

第一部分　自动放球系统概述

1　系统组成与功能

1.1　系统组成

自动放球系统主要由自动放球方舱、氢气源及氢气输送管道、探空工作室（值班室）、配套设施等组成,其组成示意图见图 1.1,其硬件主要包括安置于自动放球方舱的自动充气装置、自动放球装置、随动挡风顶盖、汇流集、自动控制机柜、视频摄像头、网络交换机、UPS 电源、地面测风仪、空调和安置于探空雷达机房内的控制计算机等。系统主要配置见表 1.1,系统布局见示意图 1.2。

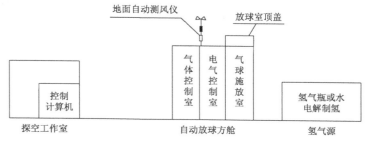

图 1.1　自动放球系统组成示意图

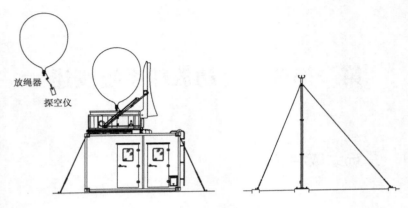

图 1.2　自动放球系统布局图

1.1.1　自动放球方舱

自动放球方舱是自动放球系统的主体,用于完成携带探空仪的气象气球充灌和施放,包括气体控制室、电气控制室、气球施放室三部分,各部分之间物理隔离。方舱外部还安置地面自动测风仪。

（1）气体控制室

气体控制室为氢气源输送的分配区,安装有汇流集装置、氢气泄漏检测仪、气体输送高压软管等。气体控制室用于完成氢气汇流,按照设定量对气象气球充气,并监测氢气泄露;当室内氢气浓度超过安全数值时,发出声光报警,并自动切断氢气阀门。

（2）电气控制室

电气控制室为自动放球系统的控制区,安装有挡风顶盖伺服控制箱和自动绕线装置、空调设备、设备柜等。设备柜分为两组,一组装载 UPS 电源和蓄电池组等,另一组装

表 1.1 自动放球系统硬件配置清单

序号	名 称				型号、规格	数量
1		气球放球室		自动充气装置	$\varnothing$34mm×260mm	1
2				自动放球装置	55mm×82mm×190mm	1
3				随动挡风顶盖	GOA4.028.500	1
4				放球筒	$\varnothing$2.3m×2.4m	1
5	自动放球方舱			伺服电机驱动装置	245mm×245mm×456mm	1
6				顶盖开闭液压装置	584mm×300mm×380mm	1
7				监控摄像机	DS-2CD793PFWD-EI	2
8				氢气泄漏检测仪	BG80	2
9				浸水传感器	HW-68	1
10				气球保护网	自制	1
11		电气控制室		LED 防爆照明灯	20W	1
12			设备柜 2	配电分机	自制	1
13				控制分机	自制	1
14				串口分机	自制	1
15				监控分机	自制	
16				网络交换机	TL-SG1016T	1
17			设备柜 1	UPS 主机	C3KRS	1
18				蓄电池组合	B9081	3
19				伺服驱动控制箱	自制	1
20				空调设备	FKBD-25/BP	1
21		气体控制室		自动绕线装置	自制	1
22				汇流集	自制	1
23				气体质量流量计	TGM0.25	1
24				氢气泄漏检测仪	BG80	2
25	方舱外			地面自动测风仪	CUT-5200-A1B0	1
26	探空工作室			控制计算机	—	1
27				路由器	TL-R860+	1

载配电分机、控制分机、串口分机和网络交换机等。电气控制室用于完成自动放球系统电力供给分配、机械及电气开

关控制、信号传输等工作。

（3）气球施放室

气球施放室为携带探空仪的气象气球装载和施放的准备区,安装有充气施放装置、放球筒及挡风顶盖、监控摄像机、氢气泄漏检测仪、浸水传感器、防爆照明灯等。气球施放室在机械及电气驱动控制模块的控制下完成气象气球充灌,并根据自动放球方舱上部安装的地面自动测风仪提供的风速风向,选择打开挡风顶盖的方位,完成携带探空仪的气象气球自动施放。

1.1.2　氢气源及氢气输送管道

氢气源为组合氢气瓶或水电解制氢设备,由氢气输送管道与自动放球方舱中气体控制室的汇流集装置连接。氢气源在自动放球方舱气体输送装置的控制下,输送氢气给自动放球方舱。

1.1.3　探空工作室

探空工作室为高空气象观测业务工作室,安装有自动放球系统控制计算机,通过网线或光纤与自动放球方舱联接。自动放球系统控制计算机与高空气象观测业务处理计算机联网,实现气球施放瞬间与后续观测过程的联动。探空工作室可远程管理监控自动放球方舱内设备运行,并通过自动放球方舱内外安装的摄像头进行远程视频监控。

1.1.4　配套设施

配套设施主要包括自动放球系统建设所必需的供配电系统、通信系统、防雷设施、安防设施等。

1.2　系统功能

1.2.1　自动放球功能

自动放球系统运用自动控制技术、计算机技术,控制机械装置代替人工进行气象气球自动充气及施放操作,实现风力不超过八级大风*气象气球施放的自动化。气象气球充气是在放球室内进行,充气时不受外界干扰,气球施放前,地面自动测风仪测出风速风向,放球室顶盖(挡风屏)旋转到迎风面打开,使气象气球飞出放球筒瞬间受大风干扰减到最小,便于探空仪及气球的顺利升空。

1.2.2　系统管理和控制功能

自动放球系统具备系统配置、系统运行管理、运行日志和远端控制功能。通过控空工作室内控制计算机控制自动放球系统的工作,在风力不超过八级的情况下,完成气球自动充气、探空仪施放任务。

1.2.3　监控功能

操作人员可通过实时视频、传感器单元对设备运行状况进行综合监控,特别是当氢气泄漏量超过规定值或地面风速超过 20m/s 时,能自动关闭充气、施放装置电源或停止装备自动运行,并可以触发声光报警或启动录像,保障装备的安全运行。

---

* 八级大风的风速为 17.2～20.7m/s。

2　系统工作原理

2.1　基本工作原理

　　自动充气装置对安装在自动放球装置上的气象气球进行自动定量充气,充气在密闭容器(放球筒)中进行。当充气完成后,由挡风装置将挡风板旋转到迎风方向打开,使气球飞出放球筒时受风的影响最小,配合施放装置放飞气象气球。系统运行过程全程进行视频监控。

2.2　系统工作流程

　　(1)首先将基测合格的探空仪送入放球容器内与气象气球及放绳器一并安装在自动放球器上,并调整测风雷达或其他探空测风设备,使其能正常接收探空仪信号。

　　(2)探空员打开控制计算机,并按下控制软件主界面"开始充气"键,充气装置会自动按已设置的充气量对气象气球进行充气直到充气完成(充气完成后系统有灯光指示和语音提示),同时探空员可通过视频监控系统观察到气象气球充气的全过程。

　　(3)充气完成后,按下控制计算机软件主界面的"放球准备"键,系统则开始顶盖旋转/打开操作。挡风顶盖根据地面风向风速观测设备测到的风向旋转到迎风方向并打开(当风速超过 20m/s 时,顶盖暂不能打开并处于等待状态,当风速小于 20m/s 时,报警解除,顶盖打开并有指示),放球准备完成后,系统语音提示放球准备完成。

（4）到达规定放球时刻时，按下控空业务软件主界面的"放球"键，自动放球系统得到联动控制信号后将气象气球施放出去；同时计算机开始计时（自动放球控制软件上具有施放气象气球"施放"功能键，便于人工干预及调试时使用）。

（5）当气象气球升空后，自动放球系统顶盖自动闭合并复位到原始状态，等待下一次放球操作。

3 主要部件

3.1 供配电系统

供配电系统由进线盒、UPS 电源、配电分机等构成。外接电源为 220V/50Hz 的单相交流电源,最低功率要求为 4kW。

(1)进线盒

进线盒为外接电源、氢气舱设备电源及监控信号、网络信号进出方舱的转接接口。各连接电缆及接地线应按面板文字说明连接。

(2)UPS 电源

为自动放球系统提供不间断工作电源,并通过配电分机为其他设备(空调除外)提供工作电源。UPS 电源由 UPS 主机和免维护蓄电池组(3 组)组成。UPS 主机为在线式架构,正弦波输出,几乎可以完全解决所有的电源问题,如断电、市电高压、市电低压、电压瞬间跌落、减幅振荡、高压脉冲、电压波动、浪涌电压、谐波失真、杂波干扰、频率波动等电源问题。

(3)配电分机

配电分机主要实现自动放球系统的电源分配、用电设备电源的开闭控制,并对系统外接输入交流电电源参数进行实时监测。

3.2　放球系统

　　放球系统主要由自动控制分机、自动充气装置、自动施放装置、挡风顶盖、地面自动测风仪等组成。放球系统首先读取地面自动测风仪数据，决定是否具备放球条件。条件具备时(风速小于 20m/s)，进行气象气球充气、挡风顶盖转动/开启、气象气球及探空仪的施放、顶盖闭合及顶盖复原、充气施放机构退位、系统恢复到下次放球等待状态。

　　在放球系统运行过程中，自动检测各机械位置与氢气泄漏等传感器的信息，当机械位置状态不正确、泄漏检测值超过允许阈值时，放球系统自动停止运行，并显示报警信息、提示操作员处置方法。

3.2.1　自动控制分机

　　自动控制分机是设备自动化控制单元，实现充气控制、顶盖转动及开/闭、探空仪施放、系统复位等功能，同时实时检测顶盖位置、氢气泄漏量等信息，保证系统运行安全。

3.2.2　自动充气装置

　　充气时，电磁离合器带动气体单向阀上升，将单向阀插入充气装置内，计算机系统控制防爆电磁阀动作，充气气体经充气嘴等进入球皮内，并根据气球型号，通过对充气电磁阀和气体质量流量计的控制实现气球充气量的自动控制。

3.2.3　自动施放装置

　　由电磁离合器带动连杆机构顶开机械锁扣装置，探空仪组合脱离卡钩，从而气球失去约束，同时因气球浮力作用而使探空仪组合上升，完成探空仪的自动施放。

3.2.4　挡风顶盖

气象气球充气时是在放球室内进行的,在充灌气球时,保护气球避免受风的影响,保证气球充气时和施放前不被损坏。放球室可以适应 300～750g 规格气球的充气和施放。挡风顶盖能根据气球施放前 1 分钟地面自动测风仪所测风向,旋转到迎风面位置或打开,可以保证在大风情况下气球和探空仪不受损伤地飞离,以顺利完成一次气象探测任务。放球室采用玻璃钢透波材料制成,对无线电波衰减很小,利于探空信号的发射、接收。随动挡风顶盖的转动由交流伺服装置控制,顶盖的开/闭由液压驱动装置控制。

1)顶盖转动装置

顶盖转动装置由伺服驱动控制箱、交流伺服电机、顶盖回转支承三部分组成。挡风顶盖旋转运动是交流伺服电动机驱动的,伺服驱动控制箱用于电动机的控制,根据地面自动测风仪所测风向,驱动回转支承带动挡风顶盖精确旋转到迎风面。交流伺服电动机为带动回转支承转动的执行电机,具有可控性好、反应迅速、准确、重量轻、体积小、耗电少、运行可靠等特点。顶盖回转支承是承载挡风顶盖的一种大型轴承,传动精确平稳、旋转灵活、使用寿命长,带动挡风顶盖进行平稳旋转、精确定位。

2)顶盖开闭装置

顶盖开闭装置由液压泵站、油缸和自动绕线装置三部分组成。液压泵站由电机齿轮泵、油箱、过滤器、阀等组成。齿轮泵通过联轴节与电机直接相连,油箱储存液压油,阀用于调整进入管路的油压、控制管路中油的流量和流动方向。泵站安装于顶盖支撑上,能将电能转化为液压能,是顶盖开闭装置电动操作的动力源。液压油缸是将液压能转化为机械能的执行元件。自动绕线装置用于挡风顶盖旋转控制的电源电缆和信号电缆在挡风顶盖旋转过程中的同步伸缩，以使电源和控制信号能输送到旋转运动体上。

3.2.5　地面自动测风仪

地面风速、风向是决定自动放球系统正常工作的条件，当风速超过一定的限值(≥20m/s)时,将暂停探空仪的施放;同时风向还作为顶盖开启位置的旋转角度控制依据。

3.3　气体输送系统

气体输送系统为气象气球提供充气气体,并根据气球型号进行气球充气量的控制,确保气球升空速度满足探测要求。

（1）汇流集

汇流集由连接管道、电磁控制阀、气体压力传感器、调压器及球阀、回火防止器等组成,主要实现气体的输送控制、气源压力检测、充气压力调节等功能。

（2）气体输送管道

气体输送管道连接气源与充气装置,为气象气球提供充气气体。管道包括室内和室外两部分,室内管道采用不锈钢软管,室外管道采用不锈钢硬管。在台站建设时,应已完成管道布放和泄漏检测。

3.4　监控系统

监控系统主要由监控分机、摄像机、监控传感器等组成。主要实现自动放球舱内视频监控、传感器的电源控制、氢气泄漏检测、方舱内部照明控制、环境监测等功能。摄像机为具有防爆功能的日夜型半球网络摄像机。

3.5　控制计算机及定制软件

控制计算机及定制软件系统是自动放球系统的核心控制单元,负责对自动放球的控制与信息处理,并通过路由器与探空站雷达终端实现联动放球。探空站的电源由用户单独提供保障。

控制计算机由主机、显示器、键盘鼠标及路由器等组成,是系统控制软件运行的硬件平台,采用 Windows 操作系统。

定制软件为自动放球系统控制软件,主要实现对放球系统硬件的监视、控制功能。包括系统设置、开关控制、状态指示和联动运行等,以保证自动放球系统的安全、稳定运行。

3.6　设备柜

设备柜为电器分机的装载机柜,包括设备柜 1 和设备柜 2。其中设备柜 1 装载 UPS 电源及三组蓄电池组、设备柜 2 装载配电分机、控制分机、监控分机、串口分机、网络交换机等,如图 3.1 所示。

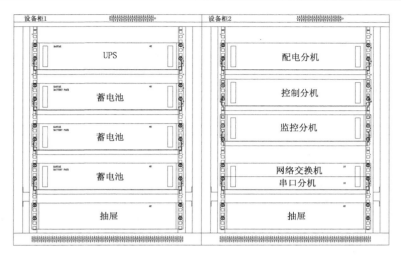

图 3.1　设备柜主要部件及设备

4　系统主要性能指标

4.1　技术性能指标

4.1.1　系统工作条件

（1）环境温度

室外：－40～＋50℃；室内：0～＋40℃。

（2）相对湿度

室外：0～90％RH；室内：30％～80％RH。

（3）抗风能力

①在风力不超过八级时，能正常工作；

②在风力达十二级时，不对自动放球系统产生永久性变形及影响工作的损伤。

（4）供电电源

①单相交流电：220V(187～242V)/50Hz(45～55Hz)；

②总功耗：≤4kW。

（5）充气气体

氢气（或氦气）。

（6）电磁兼容性

系统应能在气象台站的电磁环境条件下正常工作，且不应对气象台站的电子设备造成影响正常工作的干扰。

4.1.2　业务运行指标

（1）适用气象气球：300～750g。

（2）施放准备时间：≤30min。

（3）连续工作时间：$\geqslant$24h。

（4）放球成功率：$\geqslant$99％。

（5）可靠性和维修性：平均故障间隔次数（MTBF）$\geqslant$100 次；平均故障维修时间$\leqslant$30min。

4.2　物理性能

（1）外形尺寸（最大）

1）自动放球方舱：4012mm×2438mm×2532mm（长×宽×高）；

2）气球放球室：2438mm×2280mm×2376mm（长×宽×高）；

3）控制工作室：1200mm×2280mm×2376mm（长×宽×高）；

4）汇流集室：260mm×2280mm×2376mm（长×宽×高）。

（2）质量（最大）

放球方舱（含顶盖）：$\leqslant$3000kg。

第二部分　自动放球系统建设要求

5　建设要求

5.1　选址要求

自动放球系统的自动放球方舱安装场地要求如下：

(1)应选在人工放球点附近,一般应处于 L 波段雷达(现行业务探测设备,下同)天线下风方向,距离 L 波段雷达天线应 30～100m,且不能处于 L 波段雷达天线与人工放球点的连线上。

(2)安装场地应平坦坚实、四周开阔,半径50m范围内无架空电线、建筑、林木等障碍物,并远离排水不畅的低洼地。

(3)安装场地还应满足 10t 起重机作业的需要,运输道路爬坡度不大于 15°,最小转弯半径不小于 9m,净高不小于 4.5m,以便于运输车辆进入、起重机吊装及各种设备移动、存放。

5.2　自动放球方舱

在自动放球方舱安装前,应根据土建施工图及当地气象条件,提前修建好到施工场地的道路,建好自动放球方舱基础平台。基础平台与雷达天线尽可能远。雷达天线光电轴与基础平台夹角不得小于 3°。

　　自动放球方舱基础平台尽量建在第一放球点附近(相对于雷达天线地面盛行风的下风方向),基础平台为混凝土结构,平面度按照建筑物平面度标准执行,基础平台应高出地面 15cm,埋深不小于 45cm,轴线方向应与地面盛行风方向垂直或 60°(即与雷达天线光电轴垂直或 60°),见图 5.1,基础平台示意图见图 5.2。进行第一次混凝土浇筑时,按要求预留地脚螺栓浇筑孔,上口小下口大;设备安装完成后放置地脚螺栓,进行第二次混凝土浇筑。

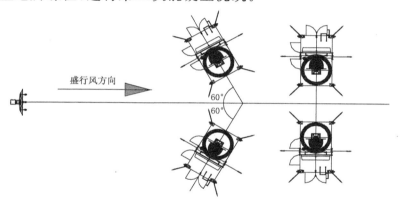

图 5.1　自动放球系统方舱方向位置示意图

5.3　氢气源及氢气输送管道

5.3.1　氢气源

　　自动放球系统氢气源采用本站高空气象观测业务用氢气源(组合氢气瓶或水电解制氢设备),不需新建供氢设施。氢气源应符合《气象业务氢气作业安全技术规范》(QX/T 357—2016)和《高空气象观测站制氢用氢设施建设要求》

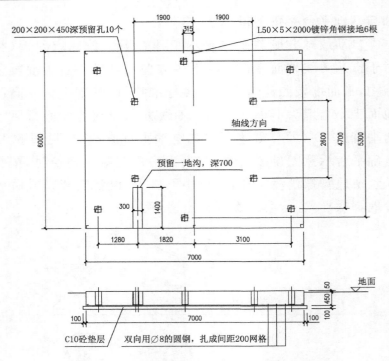

图 5.2　自动放球系统方舱基础平台示意图

(图中除编号外,其他数字单位:mm)

(气测函〔2016〕152 号文件)的有关规定。

　　对于采用组合氢气瓶供氢的高空气象观测站,应在氢气瓶存放室内至少设置两组氢气瓶,每一组分别由 6~10 个并联氢气瓶通过气源连接管连接而成(见图 5.3)。使用时,先由其中一组氢气瓶供氢,当其压力减为 0.05MPa 时,自动切换到另一组氢气瓶继续供氢。

　　对于采用水电解制氢设备供氢的高空气象观测站,应在氢气出口处增加一个三通,通过三通引出两路氢气(见图 5.4),其中一路保留人工充气功能,另一路连接至自动放球方舱。

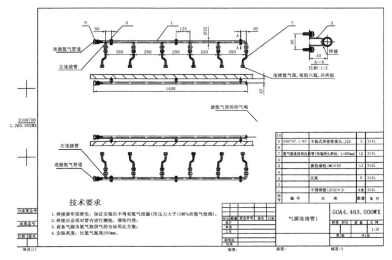

图 5.3　组合氢气瓶供氢时管道连接示意图

（图中除编号外，其他数字单位：mm）

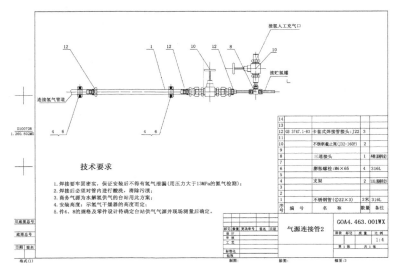

图 5.4　水电解制氢设备供氢时管道连接示意图

（图中除编号外，其他数字单位：mm）

5.3.2　氢气输送管道

氢气源至自动放球方舱之间须安装铺设氢气输送管道。

氢气输送管道应使用不低于 316L 规格的不锈钢管。出厂前,氢气输送管道内壁应进行酸洗、自来水高压冲洗、压缩空气吹干等工艺过程,并及时对管道两头进行堵塞和包扎;安装铺设时,不得有任何异物掉入管道,确保管内净洁。

氢气输送管道安装铺设前,应根据施工图纸以及氢气源与自动放球方舱的实际位置,合理确定管道走向,并砌好管道沟。管道沟深度应不小于 0.5m,其中应留有排水窨井以防积水,上部加盖厚度不小于 0.1m 的钢筋水泥盖板。

氢气输送管道禁止穿过生活间、办公室、配电室、仪表室、楼梯间等不使用氢气的房间。同时,氢气输送管道应尽量避免穿过下水道、道路和其他地沟,如受实际条件限制确需穿过时,应在氢气输送管道外侧加设防护措施。

为避免因低温冻结造成氢气输送管道堵塞,采用水电解制氢设备供氢的高空气象观测站应根据本站实际情况,选择在水电解制氢室加装除水装置,确保在气温－40℃条件下,氢气含水率不大于 82ppm*。

5.4　探空工作室

探空工作室依托现有高空气象观测业务工作室进行布设。探空工作室应符合《新一代高空气象探测系统台站建

---

* 1ppm$=10^{-6}$。

设场室建设要求》和《新一代高空气象探测系统台站建设防雷设计要求》(气测函〔2004〕68 号文件)的有关规定。

5.5　配套设施

5.5.1　供配电系统

自动放球系统供配电系统利用高空气象观测站现有供电资源,按照业务用电与其他用电分开的原则进行适当改造,以满足自动放球系统峰值功率 5kW、平均功率 4kW 的使用要求,并保持适度冗余。

当自动放球方舱与外接电源接入处大于 40m 时,须在自动放球方舱附近 5m 范围内安装电源接电桩。

5.5.2　通信系统

自动放球方舱与探空工作室之间一般采用网线直连的通信方式。当通信距离大于 90m 时,应采用光纤通信方式。

5.5.3　防雷设施

如高空气象观测站现有防雷设施能够覆盖自动放球系统,不需增设防雷设施,但进出自动放球方舱和探空工作室的电源电缆、网线等需加装金属套管并与高空气象观测站现有地网进行等电位连接。

如高空气象观测站现有防雷设施无法覆盖自动放球系统,应根据《新一代高空气象探测系统台站建设防雷设计要求》(气测函〔2004〕68 号文件)和《气象台(站)防雷技术规范》(QX 4—2015),按照一级防雷气象台(站)的要求增设防雷设施。

配置自动放球系统的高空气象观测站应委托具有防雷装置检测资质的单位,每年对自动放球系统防雷设施进行检测,并出具检测报告,具体可结合业务管理规定实施。

5.5.4　安防设施

距自动放球方舱四周外围 5m 处,应建设隔离栅栏,并在其显著位置设置"氢气危险 严禁烟火"的警示标志。

配置自动放球系统的高空气象观测站应对自动放球系统消防器材进行定期检查和更换。

第三部分　自动放球系统业务操作

6　供配电系统操作

自动放球系统方舱内配置有不间断电源系统（UPS），其作用是净化外接电源；同时在外接电源中断的情况下，UPS 电源也能提供足以保证完成一次自动放球业务运行所需的电力。

电源开启的顺序：外接电源接通→UPS 开机→配电分机的操作→监控电源的开启→其他用电设备电源的开启→计算机系统开机。电源关闭的顺序为上述操作的逆过程。

6.1　UPS 电源操作

UPS 电源的运行模式可分为市电模式（外接电源）、电池模式和旁路模式。UPS 电源开关机及面板灯显示如图 6.1所示。

（1）市电模式（外接电源）开关机

·持续按开机键 1s 以上，听到"哔"一声后松开手，UPS 开机。

·UPS 首先进入自检状态，自检完成后，UPS 进入逆变输出状态，此时市电指示灯、逆变指示灯、负载/电池容量

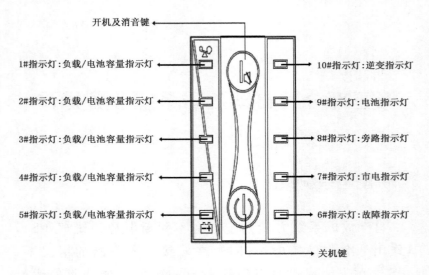

图 6.1　UPS 电源面板

指示灯亮。

　　· 持续按关机键 1s 以上,听到"哔"一声后松开手,UPS 关机。

　　(2)电池模式开关机

　　· 持续按开机键 1s 以上,听到"哔"一声后松开手,UPS 开机。

　　· UPS 首先进入自检状态,自检完成后,UPS 进入电池逆变输出状态,此时电池指示灯、逆变指示灯、负载/电池容量指示灯亮。

　　· 若对电池逆变输出状态下 UPS 发出的每隔 4s 一次告警声不适,可持续按开机键 1s 以上,将告警声消除。

　　· 持续按关机键 1s 以上,听到"哔"一声后松开手,UPS 关机。

（3）旁路模式开关机

·系统出厂时，UPS 电源已设置"旁路模式"禁止工作。

注：开机之前，必须让环境温度回暖至 0℃ 以上并维持一段时间！

6.2　配电分机操作

配电分机有"本地""远程"控制两种操作模式。系统业务运行时，采用远程控制模式；系统维修时，采用本地控制模式。

操作配电分机前，应确保 UPS 电源能在"电池模式"下开机启动，并且外接电源输入正常。配电分机操作面板如图 6.2 所示。

（1）"本地"控制操作

·接通外接电源，待电压指示正常后，开启 UPS 电源；然后将"本地/远程"开关置于"本地"位置（按钮按入时为"本地"）。

·接着按入"总电源"开关，待面板"控制模块"转换至"ON"位置后，UPS 电源输入转为外接电源。

·再依次按入（按出）"通风/照明""空调电源""控制分机电源""监控分机电源""串口分机"开关，便可分别接通（关断）通风/照明、空调、控制分机、监控分机、串口分机的电源。

·若 UPS 电源在"电池模式"下不能开机时，则需先手动操作将"控制模块"开关置于"ON"位置，再按上述步骤操作。

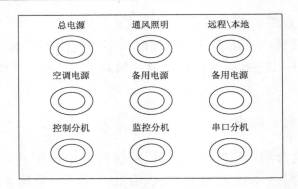

图 6.2　配电分机面板

(2)"远程"控制操作

· 接通外接电源,待电压指示正常后,开启 UPS 电源;然后将"本地/远程"开关置于"本地"位置(按钮按入时为"本地")。

· 接着按入"总电源"开关,待面板"控制模块"转换至"ON"位置后,UPS 电源输入转为外接电源。

· 依次按下"通风/照明""空调电源""控制分机电源""监控分机电源""串口分机"开关,便可分别接通相应设备电源。

· 然后开启控制计算机,并将"本地/远程"开关置于"远程"位置(按钮按出时为"远程"),此时配电分机转入"远程控制模式",其面板控制按钮失去手动操作功能。

7 气体输送系统及空调操作

7.1 汇流集操作

系统建设安装完成后,一般不再进行汇流集的操作。如确有操作需求或进行维护维修时,按以下步骤进行操作。

(1)打开汇流集的操作

· 检查并关闭汇流集输出端的截止阀;

· 检查并打开氢气集装格输出端的截止阀;

· 调整汇流集输入端的氢气减压阀,分别将两个减压阀输出端压力调整至(0.25±0.10)MPa;

· 检查并打开汇流集输出端的减压阀,将减压阀输出端压力调整至 0.15MPa;

· 汇流集装置已准备好为设备提供氢气。

(2)关闭汇流集的操作

· 检查并关闭气源输出端(汇流集入口)的截止阀;

· 打开汇流集电磁阀及放球筒内的电磁阀,施放氢气。

7.2 管道检查操作

管道检查按如下操作执行:

· 打开放球室充气电磁阀,放空管道内余气;

· 采用氮气置换法或注水排气法对管道加压,排空余气,并检查管道泄漏;

· 管道置换后,正常使用前用氢气泄漏检测仪再次检查管道接头处是否泄漏;

・管道检查正常后,方可投入使用。

7.3　配套空调操作

(1)空调开机操作

・接通配电分机面板"空调"开关,空调面板电源指示灯亮;

・按空调面板开/关键,空调开始工作,并进入自动工作模式;

・按模式键选择工作模式:自动、制冷、制热、送风。每按一次选择一种模式,依此循环;

・按温度减小键或温度增加键,调整室内温度,每按一次增加/减少键,设定温度增加/降低 1℃,温度设定范围为 16～32℃;

・按风量选择键,根据需要调整风量的大小,每按一次选择一种风量,依此循环。

(2)空调关机操作

在开机状态下,按动空调面板开/关键,则空调自动关机。若制热状态下关机,风机自动延时 1min 后断电。

★注:空调设备工作前,必须打开空调舱舱门! 空调关机后再次启动时,必须等待 3min 时间!

8　系统初始化操作

　　系统建设安装完成后,一般不再进行系统初始化操作。如确有操作需求或进行维护维修时,按以下步骤进行操作。

8.1　软件安装

　　在控制计算机 Windows 操作软件中,运行备份软件光盘中的"Setup. exe"安装程序,出现"欢迎"对话框,如图 8.1 所示。

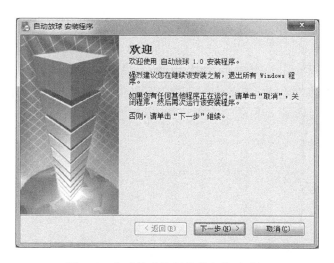

图 8.1　自动放球控制软件安装对话框

· 单击"下一步",在图 8.2 所示的画面中,输入用户信息。

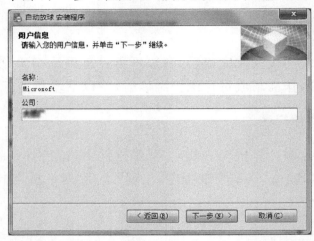

图 8.2 用户信息输入对话框

· 单击"下一步",出现图 8.3 的对话框,选择要开始安装菜单的文件夹。点击"更改"按钮可选择其他的文件夹。

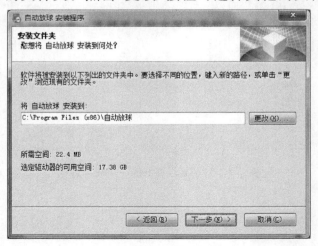

图 8.3 软件安装位置对话框

• 单击"下一步",准备安装,如图 8.4 所示。

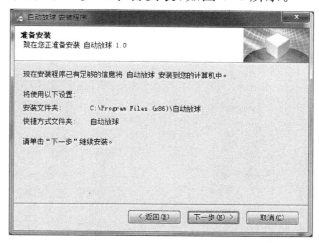

图 8.4 准备安装对话框

• 单击"下一步",进入安装状态,如图 8.5 所示。

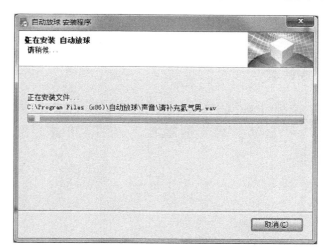

图 8.5 软件安装过程

· 安装完成后,如图 8.6 所示,单击"完成"按钮,关闭窗口。此时可以在 Windows 界面的"开始"→"程序"中查找到"自动放球实时监控"程序组。

图 8.6　安装完成

8.2　软件卸载

· 在控制计算机 Windows 操作界面,依次单击"开始"→"程序"→"自动放球实时监控",选择"卸载",出现如图 8.7 对话框。

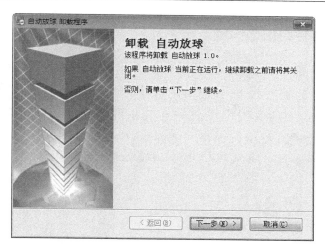

图 8.7　自动放球软件卸载

·单击"下一步"进入卸载状态。卸载完成后,出现如图 8.8 所示画面,单击"完成"关闭窗口,实时监控系统软件卸载完成。

图 8.8　自动放球软件卸载完成

8.3　软件初始化设置

(1)在 Windows 运行环境下,运行"开始"→"程序"→
"自动放球实时监控",弹出该软件的可执行程序,软件先执行
自检过程,对所有串口设备的连接状况进行检查,连接正常后
软件自动进入可执行程序的主界面,如图 8.9 所示。

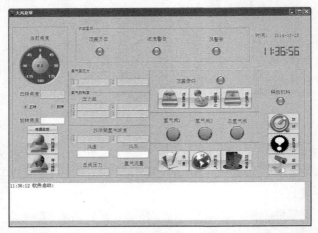

图 8.9　自动放球实时监控软件主界面

软件界面上半部分是状态显示区域,为主要设备的状
态指示。指示灯是绿色表示该设备处于初始状态;指示灯
是红绿交替闪烁表示该设备正处于运行过程中;指示灯变
成红色表示该设备的运行动作已完成。系统时间也在该区
域显示。

软件界面中间部分为操作控制区域,分别为各个动作
的控制按钮,当点击某个按钮时会执行相应的动作,并在状
态显示区域显示出当前执行的动作,按钮上图标也会相应
地发生变化。氢气泄漏量、气源压力和相关设备当前状态

也在该区域显示出来。

　软件界面下半部分是软件运行记录显示区。软件界面左半部分是顶盖旋转的操作区及顶盖角度的显示区。

【按钮功能】说明：

开始旋转：控制顶盖旋转；

停止旋转：控制顶盖停止旋转；

顶盖开启：打开顶盖；

顶盖停止：使在运动过程中的顶盖停止运动；

顶盖关闭：关闭顶盖；

氢气阀 1：打开或关闭氢气阀 1；

氢气阀 2：打开或关闭氢气阀 2；

总氢气阀：打开或关闭总氢气阀。

　单击"退出"按钮或点击平台主界面右上角的关闭按钮，弹出如图 8.10 所示提示框，单击"取消"放弃退出，单击"确定"则退出软件。

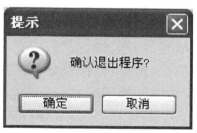

图 8.10　软件退出确认界面

　（2）系统初始化设置。单击主界面"设置"按钮，弹出系统设置对话框，如图 8.11 所示。在这里可以对串口相关参数、控制计算机和探空雷达站终端数据处理计算机的地址信息以及相关系统信息进行设置，点击"进入修改"按钮后可以设置配置信息并会保存下来,业务操作就不需要再次设置了,完成系统初始化操作。

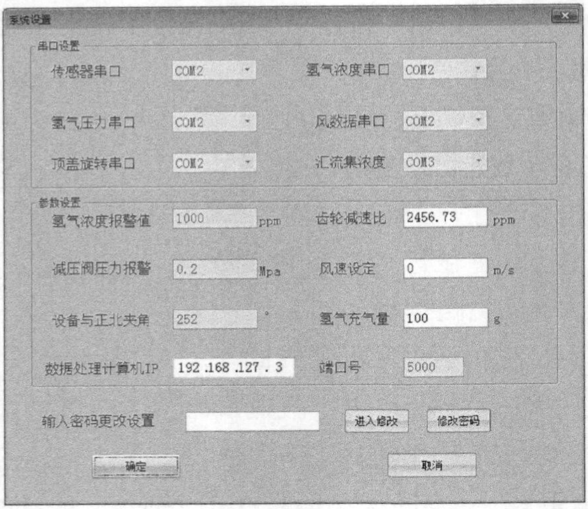

图 8.11　系统初始化设置对话框

8.4　超声波测风仪的标定

自动放球系统建设安装时,按"第二部分　自动放球系统建设要求"选定安装地点,确保安装的超声波风速风向仪与测量平面水平,并将仪器顶端的三角形(▲N)对准地理正北方向。

8.5　放球舱的标定

系统建设安装时,用指北针测量从方舱控制室指向放球室的轴线与地理正北的夹角,并将测量值记录在自动放球软件"系统设置"里"设备与正北夹角"栏,即完成放球舱顶盖方位角零位的标定。

9　气球施放业务操作

9.1　探空仪装载

此项工作为施放探空仪的准备工作,基测合格的探空仪才能被允许安装上架。探空仪的装载操作分几个步骤完成。

(1)探空仪装载基测操作

按中国气象局《常规高空气象观测业务手册》[*]的要求执行。

(2)气球组合的装配

·在备件柜中取出气象气球及防松圈、气门、放绳器;

·将防松圈放入气球组合安装座上,并将气门插入安装座;

·将气球球柄套入气门,使球柄超过气门高度约一倍的长度;

·将防松圈拉高,使球柄穿过防松圈;

·拉住球柄使其外翻,把球柄口拉到气门的口部以上,气球与充气气门已组合完毕。

(3)探空仪、气球组合、放线器的装载

·将基测合格的探空仪装入放球室探空仪装载基座上;

·用手向上托住施放推杆,使气门钩从扣紧位置滑开,将组合好的气球组合插入充气嘴;

---

[*]　李伟,等,2012.常规高空气象观测业务手册.北京:气象出版社.

　　· 松开施放推杆使充气平台斗气门钩扣紧气门,将放绳器卡入气球组合气门的卡孔中,撕开放绳器上的固线胶布并拉出约 15cm 的绳线,将放绳器放入放线器盒;

　　· 将放绳器上抽出的线系在探空仪上的系留孔上,系紧、系牢;

　　· 检查并确认探空雷达站终端数据接收正常,探空仪装载完成。

9.2　气球施放

　　放球操作前,要确保外接电源接入正常、完成电源供电操作(系统设备工作正常)、完成探空仪的装载、气源供应充足并已开启汇流集装置以及探空雷达站系统工作正常。

　　(1)系统启动

　　在控制计算机上运行"开始"→"程序"→"自动放球实时监控",弹出该软件的可执行程序,点击即进入可执行程序的主界面。

　　(2)充气操作

　　· 点击软件主界面"开始充气"图标按钮,弹出充气选择"方式"对话框,如图 9.1 所示;

图 9.1　充气"选择方式"对话框

　　·选择"重新充气"则对当前系统的充气量进行清零，重新计算充气量，如果选择"继续充气"则在原来的基础上继续追加充气；选择"停止充气"如果在充气则停止充气，关闭各个充气阀。

　　（3）放球操作

　　·充气完成后，系统会有语音提示"充气完成"。此时点击主界面"放球准备"图标按钮，系统则开始顶盖旋转/打开操作。

　　·系统根据当前风向旋转顶盖，使顶盖旋转至迎风面并打开，完成后等待人工确认放球。

　　·放球准备完成后，系统语音提示放球准备完成。

　　·点击主界面"放球"图标按钮，就可以将探空仪施放升空；也可以由探空雷达放球软件发出"放球"命令，实现探空雷达放球软件与自动放球软件的联动，完成探空仪及气球的施放。

　　·探空仪及气球施放升空后，系统自动将顶盖关闭，并旋转顶盖到方位角零位，复原系统至下一次放球的初始状态。

　　（4）视频监控操作

　　点击主界面"视频监控"图标按钮，即可启动视频监控画面，实现对放球系统的视频监控。

　　（5）电源监控管理

　　点击主界面"电源监控"图标按钮，即可启动电源监控画面（图9.2），实现对外接电源的监测、对相关用电设备工作电源通断的控制。

　　对相关用电设备工作电源通断控制的操作与配电分机

手动操作的作用是一致的。在 UPS 电源开启的情况下,通过在探空站内的控制计算机及软件实现对配电分机的监控,界面如图9.2所示。

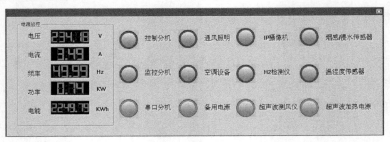

图9.2　"电源监控"界面

(6)紧急情况处理

如果在"放球准备"或者"放球"的过程中出现意外情况,可以点击主界面"紧急停止"图标按钮,停止系统工作,等待操作人员检查并排除故障。

第四部分　L波段业务软件 （自动放球系统版）

10　L波段业务软件研制

为配合自动放球系统的业务使用,中国气象局组织开发了新版L波段业务软件,新版L波段业务升级软件主要是在L波段(1型)高空气象探测系统软件的基础上,增加了"自动放球系统控制"功能。

10.1　升级过程

2015年初,中国气象局气象探测中心开始了L波段业务软件(自动放球系统版)的研制,并于当年12月底联调成功。2016年上半年,中国气象局气象探测中心在南京探空站成功开展了4次配合试验,并于2016年10月,在新疆伊犁和阿勒泰探空站建设自动放球系统时进行软件调试,顺利完成软件与自动放球系统的调试工作,并固化L波段业务软件(自动放球系统版)。

10.2　升级功能

L波段业务软件(自动放球系统版)可以联动控制L波

段雷达和自动放球系统进行放球,放球后 L 波段软件同步完成探空、测风数据的接收以及雷达整体工作状态的监视,并在数据接收完成后,使用 L 波段处理软件完成高空资料及报文编制发送等工作。

10.3　与自动放球系统配套的升级内容

10.3.1　放球软件升级内容

(1)在放球软件"地面参数"对话框中的"处理方法"页中增加了一个自动放球设置(图 10.1),这个选项的默认状态由数据处理软件中本站常用参数中确定(见数据处理软件相应的升级部分),但操作员可以随时在放球软件里通过这个选项来决定本次放球是否使用自动放球系统。

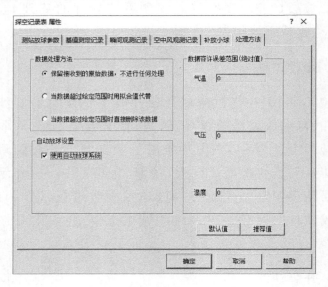

图 10.1　自动放球系统设置图

（2）选择使用自动放球系统，地面准备完毕，点击放球开关后，如果自动放球系统尚未准备就绪时，软件会弹出如图 10.2 所示的对话框，提醒操作者等待，自动放球系统未加电使用或发生故障也会出现该提示，如果临时决定不使用自动放球系统，可按照上面的方法切换为人工方法。

图 10.2　自动放球系统未准备就绪提示图

（3）使用自动放球系统时，当自动放球系统准备好后，放球软件可以通过网络向自动放球系统发送放球指令，该放球指令也会同步发送至 L 波段雷达，但放球开关的闭合不会像人工放球那样同步闭合，而是要等待自动放球系统发回气球已经飞离气球方舱的指令，在放球软件接收到该指令后，放球软件才会将放球开关闭合，按下放球开关至放球开关闭合，这其中的时间可能有几秒到十几秒，时间的长短取决于气球飞离气球方舱的顺利程度。

（4）如果出现 L 波段软件施放气球命令发出，自动放球系统也将气球顺利放出去，但放球软件没有收到自动放球系统返回的气球已飞离气球方舱的指令情况，此时放球开关不会闭合，放球开关没有闭合软件不会保存数据文件。为了避免操作员在放球过程中忽视放球键没有闭合的现象,放球软件会每隔 3min 弹出一个对话框提醒操作员使用人工的方法来确定放球时间(图 10.3),确定方法是在温、压、湿曲线上用鼠标将水平线移至气压发生变化之前的最后一点(发生变化的前一点)(图 10.4),然后按鼠标右键,选择"设置放球开始时间"菜单项即可(图 10.5)。

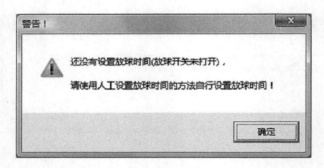

图 10.3　设置放球时间提示对话框

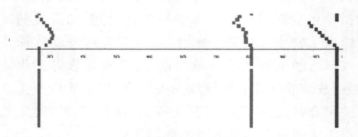

图 10.4　放球时间确定图

图 10.5　设置放球开始
时间菜单项图

10.3.2　数据软件升级内容

本站常用参数中的"计算机操作"页中增加了有关自动放球系统的设置，如图 10.6 所示。如果要使用自动放球系统，必须要在本站常用参数中进行相应的配置。具体配置方法是：在本站常用参数中的多选页面对话框选中计算机操作页面，在计算机操作页面中对自动放球系统选项（图10.6 的粗黑框部分）进行配置，共需要配置三项选项，分别是:使用自动放球系统(复选项)、自动放球 IP 地址、端口号。每项的意义如下。

图 10.6　本站常用参数菜单项图

(1)使用自动放球系统:勾选上该选项后,表明放球软件将与自动放球系统联动进行施放气球的工作,放球软件的操作方法与以前一样,只是按下放球键后,会在向雷达发送放球指令的同时将放球指令同步通过网络发送至自动放球系统,由自动放球系统将气球施放出去,不勾选该选项时,L 波段软件的使用方法与原使用方法一样,与自动放球系统不再有任何关联,同时后面的两个选项灰化,不能进行选择操作(未装备自动放球系统或装备但暂时不准备使用的切记不要勾选)。

（2）自动放球 IP 地址：填写自动放球装置分配的 IP 地址号，同时需要在 L 波段软件工作机新增加一个 IP 地址，具体 IP 地址号由设备商确认，可以先临时填写一个格式正确的 IP 地址，以避免放球软件报警。

（3）端口号：填写自动放球装置分配的网络地址号，具体端口号由设备商确认。

第五部分　自动放球系统维护维修

11　系统维护

11.1　日常维护检查

常规维护是设备管理、使用、维修等各项工作的基础，也是台站观测技术人员的主要职责之一，是保证自动放球系统处于正常工作状态的重要手段，是一项积极地确保设备正常运行的预防工作。

自动放球系统出现故障，如果不及时处理，这些隐患会造成设备故障甚至停机，严重影响设备的正常运行效率。做好设备的常规维护工作，及时处理可能出现的各种隐患，改善设备运行条件，就能防患于未然，避免不应有的损失。设备运行的好坏在很大程度上取决于常规维护的力度。因此，必须加强对设备的常规维护，并严格督促检查，强调"预防为主、养护为基础"。

11.1.1　供配电系统

（1）外接电源的维护

每周查看台站配电箱一次，检查并及时排除隐患；

每周检查进线盒连接是否正常，接地线连接是否正常；

在台站安装新的设备或用电器材时,要请专业的电工进行电源连接,严禁私拉乱接。

(2)配电分机的维护

每天都要察看配电分机面板状态灯显示是否正常,电压指示是否正常,发现问题,要及时处理;

保持电源柜、设备柜的整洁、外表无覆盖物。

(3)UPS 电源

1)安全注意事项

UPS 电源的电池组电压虽然不高,但短路电流很大,一把大螺丝刀可在瞬间烧断,对人体存在一定的烧伤危险,所以在装卸电池连接线和输出线时一定要小心,采用的工具应绝缘,特别是输出接点更应该有防止触电的设置。

2)使用环境维护

保持 UPS 电源使用环境的清洁干燥。灰尘和潮湿的环境会引起 UPS 电源工作不正常。

UPS 电源标准使用温度为 25℃,平时最好不要超出 15～30℃。温度超出该范围会影响 UPS 电源的使用寿命。

不应把强磁性物体放在 UPS 电源上,否则会导致 UPS 电源工作不正常或损坏机器。

3)开机前注意事项

在开机之前,首先需要确认输入市电连线的连接是否牢固,以确保人身安全。注意负载总功率不能大于 UPS 电源的额定功率。应避免 UPS 电源工作在过载状态下,以保证 UPS 电源能够正常工作。

4)开关机顺序

为了避免负载在启动瞬间产生的冲击电流对 UPS 电

源造成损坏,在使用时应首先给 UPS 电源供电,外接电源正常后才能开启工作,然后再逐个打开负载,这样就避免了负载电流对 UPS 电源的冲击,使 UPS 电源的使用寿命得以延长。

关机顺序可以看作是开机顺序的逆过程,首先逐个关闭负载,再将 UPS 电源关闭。

5)蓄电池组的维护

UPS 电源使用免维护阀控式铅酸蓄电池,一般不需维护。

要延长蓄电池组的使用寿命,由于在市电供应质量高的地区,台站的蓄电池几乎没有放电机会,这会使电池极板硫化,引起内阻增大、容量减少、负载能力下降。所以,每隔 2 个月到 3 个月,人为地放一次电是必要的,人为放电过程应严格按照 UPS 电源操作手册进行。

11.1.2　放球系统

(1)充气施放装置

·每周检查充气嘴一次,充气嘴上无灰尘、无覆盖物;

·每周检查一次充气嘴上升/下降的功能,发现问题及时处理;

·每周检查一次施放装置功能,发现问题及时处理。

(2)气体输送系统

·每周检查一次汇流集装置和氢气管道,连接管道无松动、无氢气泄漏,减压阀指示正常,发现问题及时处理;

·定期对减压阀、质量流量计、氢气泄漏检测仪进行计量检查。

(3)挡风顶盖装置

・每日检查挡风顶盖旋转功能,发现问题及时处理;

・每日检查挡风顶盖开闭功能,发现问题及时处理;

・每月检查液压泵站液压油容量,不足时进行补加;

・每月检查回转支承和伺服电机齿轮,清除齿轮间的杂物;

・每年对超声波测风仪进行标定检查;

・每年检查液压缸及软管,清洁推杆并更换破损液压软管。

(4)放球控制系统

・每月检查网络连线外皮是否有老化破损现象,对容易遭受人为或动物破坏的网络线缆要隐蔽放置;

・每月检查控制计算机与放球舱的网络通信是否正常,发现问题及时处理;

・计算机的硬件配置和操作系统应符合本指南要求,不得安装与业务无关的软件,不得浏览互联网,不得进行与业务无关的操作;

・每日检查控制计算机与探空站雷达终端计算机的联动放球控制功能,发现问题及时处理;

・每日运行过程中出现的任何故障均需在值班日记中注明。当不能确定为本系统故障时,应及时将故障情况报告上级业务部门。

(5)视频监控系统

・每月对 IP 摄像机进行清洁,擦除外表灰尘;对连接电缆进行检查,查看是否有松动现象,发现问题及时处理;

・每日运行视频监控软件,检查视频显示是否正常。

11.1.3 防雷设施

·每年雨季前,要用地阻仪对接地电阻进行检测,若因地网腐蚀严重的,应更换地网;

·每年雨季前,应对电源避雷器、信号避雷针进行一次检查,发现老化变质的应及时更换。

11.2 常见故障的分析与排除

自动放球系统出现故障时,台站维护人员要立即检查并报告设备故障情况,并及时解决。台站无法解决的,及时上报上级保障部门,报告故障时要说明故障现象、故障原因、联系电话及联系人。值班人员负责故障响应、故障的初步判断及简单故障排除;系统故障维修排除结束后,设备维修人员需要填写《维修报告单》。

11.2.1 基本原则

当系统出现故障时,要冷静对待,不要手忙脚乱,要掌握以下基本原则,仔细分析,进行排查。遇到任何故障时,请勿匆忙地扳动任何开关或按操作按钮,系统会自动判别并停止继续运行,特别情况下,可以点击"紧急停止"按扭停止装备工作。对出现的故障,一定要查明原因并排除故障后才能重新启动,否则会使故障扩大。

(1)安全原则

系统自身具有"自检"和"故障导向安全"功能,发现自动探空系统故障时,除非危及人身安全或设备财产,一般不要关电源。因为有些故障在关/开电源后不能复现,即无法再分析和排除故障。

（2）逻辑原则

逻辑原则指依据电原理、机械结构分析的原则。当发生故障时,应依据电路、结构原理进行分析。首先确定是否为氢气泄漏超标引起的电源中断造成的故障,然后依据故障现象,充分分析和列出众多的故障可能性,找出最符合逻辑即最符合电原理的故障原因,从而判别故障部位。

（3）分解原则

自动放球系统的组成单元很多,分析的结果可能有多个原因和多个组件产生故障,在这种情况下,就要脱开部分连接线,进一步缩小范围分别对分系统进行检查分析,查找具体原因。

（4）替代原则

依据原理分析,大体上确定出故障部位,最简单而又可信的证实就是用好的组件"替代"坏的组件,此时,若故障现象消失,显示"替代"成功,表明分析判断正确,与此同时,维修也就成功了。

（5）记录原则

要把系统故障现象、故障判别和维修过程、维修结果记录在案,这对台站积累经验非常有用。

11.2.2 典型故障分析与排除

遇到任何故障时,勿搬动任何开关或按操作按钮,系统会自动判别并停止继续运行,特别情况下,可以点击"紧急停止"按扭停止装备工作。当自动放球系统出现异常情况时,先按表 11.1 进行检查。如果问题仍然存在,请与保障单位联系。

表 11.1 自动放球系统典型故障处理表

故障与现象	可能的原因	解决方法
电源系统故障	1)外接输入电源故障 2)电源配电分机故障 3)UPS 电源故障	1)检修 2)检修 3)检修
充气装置不动作	1)自动控制分机故障 2)充气电磁离合器故障	1)检修 2)检修
施放机构不动作	1)自动控制分机故障 2)施放电磁离合器故障	1)检修 2)检修
顶盖不能打开	1)液压泵站故障 2)液压油缸故障 3)油路管道漏油	1)检修 2)检修 3)检修
顶盖不能旋转	1)自动控制分机故障 2)伺服电机或驱动器故障 3)绕线机构故障 4)伺服控制板故障	1)检修 2)更换 3)检修 4)检修
系统停止工作	1)氢气泄漏浓度超标 2)风速超过 20m/s 3)氢气气源压力不足	1)检修氢气输送管路 2)待风速减小 3)检查气源
图像监控无图像显示	1)网络故障 2)摄像机故障	1)检修、调整 2)检修、调整

附录 A 自动放球系统维护记录表

表 A.1 自动放球系统维护记录表

维护项目		维护内容	维护记录	维护时间	维护人
供电系统检查	外接电源	电源电压			
	UPS 电源	正常与否			
	蓄电池组合	电池电压			
场站环境检查	环境整理	清洁整理			
系统功能检查	放球系统	顶盖转动装置			
		顶盖开闭装置			
		超声波测风仪			
		自动充气装置			
		自动施放装置			
		联动放球功能			
		紧急停止功能			
	气体输送系统	汇流集			
		质量流量计			
		气源压力检测			
		气体管道泄漏			
	监控系统	视频监控			
		氢气泄漏检测			
	计算机系统	网络通信			
		计算机			
		控制软件			
	其他设备	通风照明			
		空调设备			
备注：					

附录 B　自动放球系统运行日志

放球次数：　放球日期：　年　月　日　系统启动时间：　放球结束时间：

天气状况：晴□　雨□　雾□　气球规格：＿＿g　充气量设置：＿＿g　值班人员：＿＿＿＿

地面温度：＿＿℃、湿度：＿＿%RH、大气压力：＿＿ hPa、风速：＿＿ m/s、风向：＿＿

序号	检查内容		检查结果及评定		备注
1	气体输送系统	1号减压阀入口压力(MPa)			
2		1号减压阀出口压力(MPa)			
3		2号减压阀入口压力(MPa)			
4		2号减压阀出口压力(MPa)			
5		汇流集总输出口压力(MPa)			
6		充气电磁阀1控制			
7		充气电磁阀2控制			
8		充气电磁阀3控制			
9		实际控制充气量(g)/充气累积量(g)			
10	放球系统	风向测量(1min 平均值)(°)	1：	2：	
11		风速测量(1min 平均值)(m/s)	1：	2：	
12		顶盖转动、迎风面打开功能			
13		自动充气装置			
14		自动施放装置			
15		气象气球是否正常飞出			
16		放球筒顶盖复位			
17	系统控制	系统控制软件运行			
18		视频监控功能			
19		雷达放球联动控制功能			
20	紧急停止	泄漏氢气浓度超标时停止工作			
21		按"紧急停止"时停止工作			
22		风速超过 20m/s 时停止工作	功能		
23	配电系统	转换时间：0ms(市电⇄蓄电池)			UPS 电源
24		待机时间：≥120min			
25		电源控制			

续表

序号	检查内容		检查结果及评定		备注
26	氢气	汇流集室氢气泄漏(ppm)	1：	2：	
27	泄漏	放球筒内氢气泄漏(ppm)	1：	2：	
28	其他	通风照明			
29	项目	空调设备			
30		结构完好性			

探空仪测量值	探空仪舱内外测量值记录				
	参数	温度(℃)	相对湿度(%RH)	大气压力(hPa)	场强(dBm)
	舱外				
	舱内				
	差值				

附录 C　自动放球系统故障报告单

表 C.1　自动放球系统故障报告单

自动放球系统故障报告单			
设备编号		台站	
故障时间			
故障现象详细描述			
相关情况	* 发生故障前后进行过何种操作,或出现任何异常的天气、电路或其他情况		
台站建议			
汇报单位 汇报人 签名	年　　月　　日		

附录 D　自动放球系统功能需求书

自动放球系统功能需求书

中国气象局综合观测司

二〇一二年六月

前　言

自动放球系统是用于高空气象观测站自动实施放球的装置，是常规高空气象观测系统的辅助系统，可与测风雷达或其他探空测风设备配合实施自动放球，完成探空工作。

为规范自动放球系统的设计、制造和产品质量控制，中国气象局综合观测司组织中国气象局气象探测中心完成了《自动放球系统功能需求书》（以下称需求书）的编写，以规范设备研制，使其能够满足高空气象观测业务的需求。

本需求书包括系统组成、系统功能、技术要求等内容，提出了高可靠性、安全性，便于维护等基本技术要求。

自动放球系统的设计、制造、生产和验收必须遵循本需求书。

本需求书最终解释权归中国气象局综合观测司所有。

目　录

1　系统总体要求

自动放球系统是可应用于高空气象观测业务中自动施放气象气球的技术设备,为满足自动放球需求,系统需满足以下要求:

系统能在恶劣天气环境中完成正常放球业务。

系统采用通用化、系列化、组合化设计,降低系统的复杂程度。

系统安装、调整、标定和校正方便,维修维护简便易行。

系统须选用合格的耐老化、抗腐蚀材料和元器件,选用电气绝缘材料,经过严格检验和老化筛选处理,并采用降额使用的方法提高可靠性。

系统的焊缝整齐平滑,无焊渣、气孔,铆接牢固、可靠,无歪斜、松动,连接件、紧固件无锈、无损、无松动、无变形等缺陷,结构件的表面须经涂、敷、镀等工艺程序,具有耐潮、防霉、防盐雾等性能。

系统软件设计符合相关标准要求,软件结构便于修改和维护,操作界面简明,方便使用,易于学习。

2　系统组成

系统由自动放球方舱、探空工作室和氢气源三部分组成,如图 1 所示。

2.1　自动放球方舱

自动放球方舱分为气体控制室、电气控制室和气球施放室三部分,各部分之间需物理隔离。

(1)气体控制室。内设气源输送及控制机构。

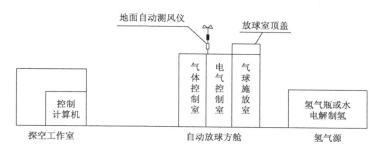

图 1　自动放球系统及配套设施组成

(2)电气控制室。内设供电控制装置、信号传输监控系统、机械及电气驱动控制模块、UPS 电源、空调和防爆灯等。

(3)放球室。内设自动充气和施放装置、摄像机、防爆灯和氢气浓度检测仪；放球室顶部设有随动挡风顶盖。

此外，自动放球方舱上方设有地面自动测风仪。

2.2　氢气源

为组合氢气瓶或水电解制氢设备，由管道与方舱内的气体控制装置连接。

2.3　探空工作室

探空工作室为常规高空气象观测业务工作室，内设自动放球系统控制计算机，通过信号传输监控系统与自动放球方舱联接。

3　系统功能

3.1　自动放球方舱

通过电气控制室、气体控制室和气象气球施放室的电气和机械动作，实现携带探空仪的气象气球的自动施放。

3.1.1　电气控制室

电气控制室主要完成系统的电力供给分配、机械及电气开关控制、信号传输等功能。

3.1.2　气体控制室

气体控制室主要完成氢气的汇流功能,包括开关控制功能,气体流量控制工作,气体泄漏检测功能等,能按设定定量对气球充气,并监测氢气泄露量;当室内氢气浓度超过安全数值时,监控中心有声光报警,并自动切断氢气阀门。

3.1.3　气象气球施放室

在机械及电气驱动控制模块的控制下完成气球充灌,并根据地面自动测风仪提供的风速风向,选择打开顶部随动挡风顶盖的方位,自动施放气球和探空仪。

3.2　氢气源

采用目前业务用氢气源,在自动放球方舱充气控制装置的控制下,输送氢气给自动放球方舱。

3.3　探空工作室

探空工作室内安装控制计算机,通过信号传输监控系统与自动放球方舱联接,远程管理监控方舱内设备运行,并通过方舱内外安装的摄像头进行远程视频监控。

控制计算机主要功能有:

对自动放球方舱远程控制,对各装置电源供给、电气控制和机械驱动;

系统运行管理,支持风速超限、氢气量不足联动控制;

系统具有自诊断功能,对设备、网络和软件运行进行在线诊断;

发现故障,显示报警信息;

对操作人员设置权限；

对探测数据进行备份并具有恢复功能；

具有容错性，避免因误操作导致系统出错和崩溃；提供对系统操作的在线中文帮助；

自动生成系统运行日志，可查询及以报表方式打印输出。

4 技术要求

4.1 方舱总体要求

方舱设计符合 GJB 6109 的规定。

远端站方舱外形及外部仪器设备的安装规范，比例、颜色协调；内外表面平整、光滑、均匀、不允许有翘曲、裂纹、破损、涂镀层脱落、划痕和锈迹等缺陷。

方舱内部布局合理、整齐美观，符合人机工程设计准则，商标、印记、字符清晰、美观、完整。

方舱、插件、机箱、控制台和锁紧装置等按照 GJB 2825 要求设计，保证在规定的环境条件下正常发挥功能。

4.2 自动放球方舱

4.2.1 供电控制装置

（1）电源控制箱

控制方式：远程/本地；

电源输入：市电或备用 220V/50Hz 交流电源，功率不大于 8kW；

电源控制输出：电气控制室电源、气体控制室电源、气球施放室电源、摄像头控制、空调、通风照明电源。

（2）UPS 电源

市电断电后能确保工作室设备正常工作；

转换时间；满足热备份使用需求；

后备时间：40min。

（3）电源切换

采用自动切换方式工作；平时采用单相市电；电网电压要求在 187～242V，频率在 45～55Hz。

市电供电中断时，配套的 UPS 不间断电源应能维持其连续工作。

4.2.2　气源输送及控制机构

配备两组，由互连管道连接。给放球筒内的充气装置提供气源。主要功能包括：

气源输送及控制机构气体容量（瓶内压力）检测；

气源输送及控制机构气体输送开关的开/闭控制；

两组输气机构的自动切换装置。

4.2.3　机械及电气驱动控制装置

用于方舱内机械伺服和电气开关的控制，具有以下功能：

挡风顶盖开启/关闭控制；

挡风顶盖转动伺服控制及顶盖位置检测；

充气及放球控制。

4.2.4　充气装置及施放机构

符合以下要求：

充气响应时间：≤300ms；

充气量控制误差：±10g；

施放响应时间：≤0.3s；

施放脱钩成功率：100%。

4.2.5　气球施放室

满足以下要求：

对无线电射频信号无屏蔽作用；

与方舱外大气温度、气压和湿度环境基本保持一致；

适用气球：300～750g 气球；

顶盖开启时随风向转动，背风向打开；

监测内部氢气泄漏量；

装有两个或以上摄像头。

4.2.6　地面自动测风仪

采用超声波风速传感器以防止冰雪、冻雨的影响。测量范围和准确度要求：

a）风向：测量范围为 0°～360°；准确度为 5°；

b）风速：测量范围为 1～60m/s，当风速≤20m/s，准确度为 1m/s；当风速＞20m/s，准确度为 5%。

4.2.7　随动挡风顶盖

符合以下要求：

顶盖转动自如，能正常开启/关闭；

对无线电射频信号无屏蔽作用；

顶盖开启/关闭时间：≤1min；

顶盖转动范围：±178°；

顶盖定位误差：±3°。

4.2.8　摄像机

气球施放室内外安装红外摄像机，符合以下要求：

最低照度：0lux（红外灯启动）；

红外距离：50m；

水平解像度：480 TV Lines；

有效像素:752(H)×582(V)。

4.2.9　空调

为方舱内提供适宜的温度环境,具有制冷、制热功能,方舱电气工作室温度控制在 0~40℃。

4.2.10　安全监测装置

安装水浸探头、门禁传感器等传感器,并在氢气瓶存储方舱和放球室内安装氢气泄露检测传感器,能触发声光报警、系统自动断电或启动录像,以实现防火、防盗并留有事故调查用现场录像,保证设备安全。

(1)对射光栅

用于阻止和探测外来人员入侵,可附加相关的报警设备如强光照射、警笛等,根据用户要求现场安装、测试和应用。

(2)水浸传感器

误报率:万分之一;

输出形式:继电器常开节点闭合;

低电平:0V,高电平 5V。

(3)烟感探测器

输出形式:继电器常开节点,低电平 0V;高电平 5V;

报警复位:瞬间断电。

(4)声光报警器

当外来人员入侵或系统报警触发时,发出声音和灯光报警信息;

输出声压:≥110dB。

(5)氢气浓度监测仪

用于监测气源输送及控制机构、放球筒内氢气浓度。

氢气泄露量达到或超过允许限值时,能在探空工作室发出报警信息,并自动对远端站系统运行和氢气输送进行紧急断电停止。

①测量范围:0～10%(氢气体积比 VOL);

②准确度:0.01%;

③报警限值:0.4%(氢气体积比 VOL)。

4.3　信号传输监控系统

基本配置要求如下:

网络交换机或路由器;

其他冗余通信方式;

视频监控软件;

管理软件。

4.4　探空工作室控制计算机

主服务器用于系统控制、运行管理、图像监控,主要技术要求如下。

硬件及软件配置符合以下要求。

(1)硬件不低于以下基本配置:

CPU:Pentium M 2.6 GHz;

内存:2 GB DDR DRAM;

硬盘:250 G/7200/SATA2;

集成主板:2× USB;RJ45 LAN 接口;

显示器:19″LCD;

安装结构:19″2U 机架。

(2)操作系统及平台:

操作系统:Windows XP 中文版;

开发环境:MS VC++ 6.0 以上;IE6.0 以上浏览器。

(3)应用软件配置：

业务软件：自动放球自动化控制管理软件；

支撑软件：多串口服务器配置软件、驱动控制器软件。

支持多画面、预定义的实时图像监视；图像分辨力达704×576；

图像传输帧速率 25 帧/秒内可调，监控画面延迟时间小于 500ms。

4.5　可靠性和维修性

平均故障间隔次数(MTBF)的下限值 $\theta_1 = 100$ 次。

平均故障修复时间(MTTR)不超过 30min。

4.6　环境适应性

方舱及外部设备在下述环境条件应能正常工作。

4.6.1　低温

工作条件：−40℃；

贮运条件：−45℃。

4.6.2　高温

工作条件：50℃；

贮运条件：60℃。

4.6.3　湿热

工作条件：相对湿度 90％(40℃)；

贮运条件：相对湿度 95％(50℃)。

4.6.4　抗风

风速不超过八级，设备能正常工作；

风速超过八级，自动暂停工作，等待风速小于八级时，系统继续工作。

风速不超过十二级，设备不应产生永久性变形及影响工作的损伤。

4.6.5　淋雨

在非工作状态,能承受以下条件下试验:

淋雨角度:45°;

淋雨强度:5mm/min;

持续时间:1h。

经淋雨试验并恢复后应能正常工作。

4.6.6　砂尘

按 GJB 150A.12 规定的试验方法试验后,外部设备及活动零、部件应能正常工作。

4.6.7　盐雾

按 GJB 150A.11 规定的试验方法试验后,外部涂层及金属零部件不应出现涂层、镀层脱落。

4.6.8　太阳辐射

应能承受太阳辐射引起的下述热效应和光化学效应:

(1)方舱外表面应能承受温度为 96℃的模拟太阳辐射热效应;

(2)方舱外表面材料应能承受稳态长期自然光化学效应。

4.7　电磁兼容性

电磁兼容性应满足 GJB 151A 的要求;设备应能在高空气象观测站的电磁环境条件下正常工作;工作时不应对所在高空气象观测站的电子设备造成影响。

4.8　安全性

4.8.1　氢气安全

有以下安全防范装置:

　　(1)气体控制室顶部装有通风窗口,保证气体控制室通风良好;

　　(2)气体控制室具有良好的接地,接地电阻不大于 4Ω;

　　(3)进线盒安装避雷器;

　　(4)在氢气可达部位采用防爆电器、防爆灯、防爆开关或防爆阀门;

　　(5)气象气球施放室和气体控制室各安装两个氢气浓度检测仪;

　　(6)室外氢气管采用不锈钢硬管连接;

　　(7)配有手持式氢气浓度检测仪,性能指标与固定式氢气浓度检测仪一致,以便定期进行氢气泄漏检测;

　　(8)气源输送及控制机构安装压力传感器,对气体压力进行实时检测。

4.8.2　电气安全

　　电气设备的安全性设计应符合 GB 4064 的要求;市电电源输入端与方舱外壳之间的绝缘电阻应不小于 2MΩ。

4.8.3　机械安全

　　方舱采用结构紧密的阻燃材料,外部组件焊接牢固,门应有防盗锁,方舱爬高梯等设施应牢固可靠,方舱顶应用安全防滑材料制作。

4.8.4　防雷

　　系统的防雷装置应符合气象行业标准 QX 3、QX 4 的相关规定,采用引下线和接地网络构成的电气通路将雷电流泄入大地,以保护人员、设备的安全;接地电阻不超过 4Ω。

5 考核和评估

根据本需求书的要求制定考核评估方案,由主管单位批准后执行。

6 主要参考文献和相关标准

GB 191—2000 包装储运图示标志

GB 4064—83 电器设备安全设计导则

GB 4962—2008 氢气使用安全技术规程

GJB 150A.11—2009 军用设备环境试验方法 盐雾试验

GJB 150A.12—2009 军用设备环境试验方法 砂尘试验

GJB 151A—1997 军用设备和分系统电磁发射和敏感度要求

GJB 152A—1997 军用设备和分系统电磁发射和敏感度测量

GJB 368B—2009 装备维修性工作通用要求

GJB 899A—2009 可靠性鉴定和验收试验

GJB 1913A—2006 军用方舱空调设备通用规范

GJB 2825—97 军用雷达机柜、插箱、插件模块化要求

GJB 6109—2007 军用方舱通用规范

SJ 20885—2003 GPS探空系统通用规范

QX/T 36—2005 GTS1型数字探空仪

QX 3—2000 气象信息系统雷击电磁脉冲防护规范

QX 4—2000 气象台(站)防雷技术规范

QX/T 31—2005　气象建设项目竣工验收规范

中国气象局,2010.常规高空气象观测业务规范.

南京大桥机器有限公司,2009.自动高空探测系统制造与验收规范.